侦探事务所
难道他会隐身大法　　40

小小心意坊
猎鲨行动　　42

"猎艳"海洋馆
"美人鱼救王子"表演　　44

卡通摩天轮
机灵的海蟹　　46

本书战略合作伙伴
青岛市蓝色经济区建设办公室　　青岛市海洋与渔业局
青岛市市南区实验小学　　青岛市同安路小学

图书在版编目(CIP)数据

海洋欢乐谷.第2辑/丁剑玲主编.—青岛:中国海洋大学出版社,2013.7
ISBN 978-7-5670-0367-5
Ⅰ.①海… Ⅱ.①丁… Ⅲ.①海洋—青年读物②海洋—少年读物 Ⅳ.① P7-49

中国版本图书馆 CIP 数据核字(2013)第 165954 号

版权声明

本书欢迎作者通过电子邮件、寄送等方式投稿,所投稿件文责自负。本刊刊用稿件,如无特殊声明,即视为作者同意授权本刊用于但不限于以电子版、网络版、音像制品及图书、汇编作品等形式出版。本书不接收一稿多投。

本书刊登一些精彩的文章和图片,由于部分作者未能联系上,敬请原作者直接与本刊联系,以便及时支付稿酬。

本书作品版权归中国海洋大学出版社所有,未经允许,不得转载、摘编。

本书如有印装质量问题,请将原刊寄往青岛海蓝印刷有限公司调换。(地址:青岛市株洲路 108 号,电话:0532—88027769)。

美丽的陷阱

MEILI DE XIANJING

文/丁剑玲

一、海葵和小丑鱼

章鱼聪聪用大肚子飞快地喷出水流,向海底奔去,一路上看见一朵朵硕大的"海菊花"一张一合,随波招展,五颜六色,昂首怒放着。很多"海菊花"周围都有一对鲜艳的小丑鱼在里面戏耍,不停地给"海菊花"带来新鲜的水流,吃掉它们身上的碎屑。章鱼聪聪走近一朵很大的"海菊花",仔细打量着。

"快来玩啦,快来玩!嘻嘻,真好玩!"两只橘黄色带两道白色花纹的小丑鱼快乐地在"海菊花"周围游动着。

这时,一只蝴蝶鱼游了过来,被眼前的情景迷住了:"她们玩得真有意思,我也去!"蝴蝶鱼只身向"海菊花"游去。

"不好,救命!"蝴蝶鱼大声地喊道。

还没等章鱼聪聪反应过来,只见"海菊花"用她触手上的刺蜇住蝴蝶鱼,蝴蝶鱼立即痛苦地痉挛起来并昏死过去,"海菊花"用"花瓣"将他拉到"花芯"——原来是一张大嘴,吃了起来,小丑鱼则和她一起分享着。

"原来她们是一伙的,引其他的鱼儿上钩,再吃掉他们,真可怕呀。"章鱼聪聪暗自捏了一把汗。

这时,聪聪发现旁边有一簇海绵在那里平静地观看着,不禁上去打招呼:"海绵哥哥,海菊花真是厉害,怎么能吃鱼呢?"

"啊,聪聪,那不是鲜花,是动物——海葵!她的手臂上有毒,能将鱼儿刺昏,全身麻醉,最后拉入口中。""那么说,小丑鱼是诱饵,任务是把外面的鱼引来?"

"是啊,这就叫共生嘛!"

"聪聪你好!"海葵突然说话了,吓了聪聪一跳。

"你是动物!""是啊,让你受惊了。要知道,海里许多好看的'花树'都是动物呢。""原来是这样!"

"可你们像陆地上的花一样,这么漂亮,到了冬天就该凋谢了吧?""聪聪,不明白了吧,我们一年四季开放,而且,我的寿命有1000多年,是海底世界的老寿星了。"

"是吗?可我不明白,为什么小丑鱼在你们身上游来游去,却没有被刺昏呢?"

"是这样,聪聪。"一只小丑鱼过来插话道:"我们平时忍住暂时的疼痛,把身体向海葵的触手里面蹭,把她身上的黏液抹在我们身上,一旦有猎物袭击,我们就躲到海葵丛中,相同的气味使海葵不会误伤我们的。更何况,我们给她引来大餐……"

"真是太聪明了!美人计啊!"聪聪钦佩地说。

二、有惊无险

这时,海葵突然喊了起来:"小丑鱼,快!我的天敌海星来了!"

一只小海星翻着跟头跳了过来,小丑鱼立即冲上去,用嘴去咬海星的角,奋力地驱赶着。海星一看占不到便宜,便又跳走了。

"小丑鱼,谢谢你。"海葵舒了一口气。"聪聪,幸好有小丑鱼帮我赶走他。要不然他不怕我们身上的刺毒,还会翻出胃来吃掉我们。"

"原来小动物也会互相帮助,共同对付敌人呀!"聪聪感叹地说。

这时,又有一对小刺尾鱼游了过来并喊道:"快来看,两只小丑鱼玩得多欢呀!快去玩玩。"

"又有一对傻瓜上当了!嘻嘻,大餐又来了!"两只小丑鱼又开始高兴地玩耍起来。

聪聪急得不知道怎么办才好。她迅速地躲到一边,想暗示一下小刺尾鱼,可小刺尾鱼并没有发现,聪聪急得直跺脚。这时,海绵哥哥在一边笑了,说道:"聪聪,不用担心,来的是小刺尾鱼,他们的身体尾部有一块尖利的骨板,谁敢动他就向谁开刀,谁吃亏谁上当还不知道呢。"海绵哥哥一脸淡定。

聪聪急忙离开了现场,不禁深深地叹了一口气:"真是一个美丽的陷阱啊。"

三、我们也是一家人

聪聪往回游去,却发现有一朵海葵正在海底缓缓爬行,她感到

有点奇怪:那些海葵不都是长在珊瑚礁上吗,怎么还有活动的海葵呢?

她弯下身子仔细一看,原来海葵身子下面有一个寄居蟹,是寄居蟹把海葵驮在贝壳上沿海底爬动。聪聪不禁停下了脚步。

"咦,寄居蟹,你这是……""小章鱼啊,我和海葵是好朋友,这也是共生嘛。"寄居蟹笑嘻嘻地说。

"啊,我明白了,你把她背在身上,走到有小鱼小虾的地方,一旦海葵毒死他们,你就可以和她分享了,是吧?"

"对呀!海葵还可以跟着我四处游玩呢,我们是一家人。"

"是这样啊!"聪聪今天可长了不少见识。

知识小贴士

1. 海葵是雄性,还是雌性?

回答:一小群海葵中最大的那个是雌性;一旦雌性死去,最大的雄性又会变成雌性,成为首领。

2. 海葵属于什么动物?

回答:海葵像珊瑚、海绵一样,属于无脊椎动物里的腔肠动物。

"小鸭子舰队"漂流记

文/桑奇

"扑通——""扑通——"一大群"小鸭子"一只接一只地从一艘船上跳下了水,有的还好几只挤在一起翻着跟头落入水中。尽管当时海面上巨浪翻涌、狂风呼啸,"小鸭子"们却似乎没有什么反应,任凭海浪摇来晃去。这群"小鸭子"有29000多只,浩浩荡荡形成了一个"小鸭子舰队",在大海上漂流着!

"小鸭子舰队"兵分两路。一路挥师北上,经过俄罗斯和美国阿拉斯加之间的白令海峡穿越北冰洋,进入北大西洋;另一路则浩荡南下,游历印度尼西亚、澳大利亚、南美洲等海域。

从中国出发的29000多只玩具鸭掉落大海

其中19000只漂向澳大利亚和南美洲

剩余"部队"经过15年后漂到英国

1992年

你一定想知道这是怎么一回事吧,那就请你把时间的钟表拨回到1992年吧!

原来那一年,一艘从中国出发的货船在太平洋上遭遇了强烈的风暴,船上一个装了29000多只黄色塑料玩具鸭的集装箱被海浪打翻了,"小鸭子"们便落入了大海。它们没有被海水淹没,而是在海面上四处漂流。你能想象得到吗?经过了14年的漂泊,有10000只小鸭子竟完成了它们的远洋航行,抵达英国海岸。

不会游泳的"小鸭子舰队"唯一的本领就是能浮在海面上,而它们却能环游地球,这是为什么呢?其实,这并不奇怪,让这一奇迹发生的是神奇的洋流。

海流是双神奇的"手"

在大海里,海水总是常年按照一定的方向流动,之所以会这样,是由于大海里存在着海流。也正是有了海流的作用,"小鸭子舰队"才能像被一双神奇的手推着一样不断地前进。那么,这群"小鸭子"为什么会兵分两路,甚至三路漂流呢?原来在不同的地方,风力、水温、盐度并不相同,海流的方向当然也就不同了。

看看下面的全球海流分布图,聪明的你也许就会明白了。

影响玩具鸭漂流的全球海流示意图

漂过大渔场

北上的"小鸭子"们曾经接受过北冰洋寒冷的考验。它们身下的北极环流带着冰渣渣,越来越冷,一群"小鸭子"直接被冻在了浮冰里。还好,它们"咬紧牙关",慢慢漂流到美国阿拉斯加海岸。南下的"小鸭子"们则在观看了夏威夷的草裙舞后,优哉游哉地泡在温暖舒服的海流中。

海流的确有"暖"和"寒"之分。如果海流为流入地带来浓浓暖意,那这就是暖流;反之,如果海流的温度低于流入海域的温度,那就是寒流啦。

另外,"小鸭子"们只知漂流却并不知道它们路过了很多大渔场。海水的流动,同时运送着海水中的营养物质。鱼儿们最喜欢营养物质了,在寒流和暖流交汇之处,鱼儿们集合吃"大餐",这样,大渔场就形成了。

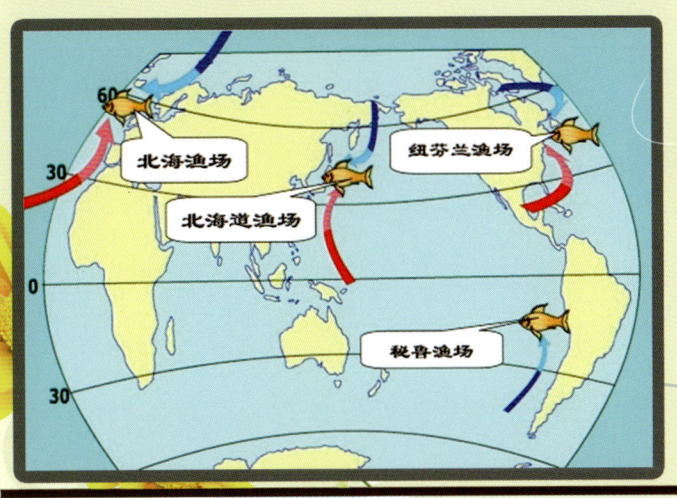

大家都爱"小鸭子"

如今,上岸的"小鸭子"们备受收藏家们的青睐,每只这种玩具鸭的身价竟高达1000英镑。玩具鸭的这次行动还为人类作出了一项重大"贡献",专业人员根据玩具鸭的着陆地点绘制出一幅名为"海面洋流模拟"的电脑模型图。可别小看这幅图,它能为捕鱼活动和海上救援工作提供不少帮助呢。

1493年,担心自己在海上遇难的哥伦布把一封信和美洲大陆的地图密封在一个瓶子里投入大西洋。这只漂流瓶竟然在海上漂了足足359年,到1852年才被发现。是风、水温、盐度、海陆分布、地转偏向力等等复杂的因素加在一起,才让神奇的大洋环流形成,有了生生不息的海流,才有了"小鸭子舰队"的漂流记,才有了哥伦布的漂流瓶,才让你永远好奇的眼睛眨呀眨不停!

大航海时代的东方之光
——郑和

文/王晓

柳树下,一个男孩拉着父亲的手。

"父亲,大海当真一望无际?"

"对啊,我乘船去麦加,一路向前,看了那么多日出日落,从未看见过海的尽头。"

"海上当真有风暴、有海盗?"

"大海并不平静,我们遇到过风暴,船差点沉没,海盗也扰得我们不得安宁。你长大了和父亲一起出海吧,到时候打退海盗可就靠你啦。"父亲宽厚的大手握紧男孩的小手。

男孩眼睛亮晶晶,对着父亲说"长大了我要和您一起出海!"

这个男孩就是后来大名鼎鼎的郑和。少年郑和一直牢记心中梦想,坚持学习航海知识。后来,郑和跟随当时还是燕王的朱棣东征西战,因为出色的才干,郑和被朱棣重用。朱棣当上皇帝后,决定组织阵容强大的船队"下西洋"以宣扬国威。此时的郑和已经不再是那个青涩少年,拥有丰富的航海知识和多年军事指挥经验的他成了船队总领的不二人选。

这次远航的阵容究竟有多大?来看看郑和船队的"宝船"就知道了。

郑和的宝船可以称得上是古代的"航空母舰"!古书上记载:"大者,长四十四丈四尺,阔一十八丈;中者,长三十七丈,阔一十五丈。"明朝一丈相当于现在的3.11米,照这个长度,在船上设置个百米跑道绝对不成问题。宝船足足有4层。它的帆不是单帆,而是12张帆;它的锚和舵也是"巨无霸",转动时需要几百人喊着口号一齐动手才能扳得动。这宝船是船队的主力船,此外还有专门用于运输的马船,用于作战的战船,用于运粮食的粮船和专门在各大船只之间运人的小船。这真是大船小船齐上阵。

做好了万全准备,是出发的时候了。永乐三年六月十五日(1405年7月11日),福建五虎门海湾,大约得有200多艘大小船只集结于此,在海面上阵列排开,旌旗招展,特别壮观。郑和站在船头,望着庞大的船队和一望无际的大海,心里翻腾着即将远航的兴奋和沉甸甸的责任,长舒一口气,命令道:

"起锚,扬帆!"

"得令!"

一时间,大小船帆纷纷升起,海面上被一片白色的帆覆盖着。船只缓缓移动起来,渐渐加速,顺着风向驶出港口。郑和船队的传奇之旅由此拉开了序幕。郑和出海时一共率领240多艘海船,27400名船员,这可是世界上最早的、规模最大的航海事件。

船队一路南下,首先到了占城,而后继续南下,半个月后到了爪哇。当他们要经马六甲海峡继续向南时,意外发生了。

"报——"传令兵跌跌撞撞地跑进议事厅。

"途经爪哇西王

领地时,爪哇西王与东王作战,误杀我船员 170 余人,血染碧海!"

顿时,跟随郑和左右的船员们个个义愤填膺。

"铲平了这个小国!"

"我们杀回去!"

"这么多人的血不能白流!"

郑和没有说话,一脸凝重的他陷入了沉思。灭掉一个小国对于自己率领的这支庞大船队来说易如反掌。但是,此次出海是为了宣扬和平,不为征战,若是跟爪哇打起来,消息传到其他国家,他们该如何看待我大明朝?

"这件事不能急躁,"郑和最终开了口。他凝视着眼前士气高涨的船员,眉头皱紧,摆摆手道:

"将士们,不能开战,因为我们负有更大的使命。"

郑和力排众议,没有发动战争,而是禀明皇朝,化干戈为玉帛,和平解决了这次流血冲突。事实证明,他的决定是明智的。和平的举动维护了大明友好宽容的形象,受到明成祖的赞赏。爪哇西王自知理亏,专门派人赶去大明请罪。明成祖最终宽恕了他们的行为,爪哇为大明的威严和气度所折服,自此之后年年朝贡。

郑和一行平安离开爪哇后,继续南下,途经苏门答腊、锡兰山等地。每到一处,郑和船队都会同当地居民亲切交流,向他们传播当时中国先进的礼仪和儒家思想、历法和度量衡制度、农业、制造、建筑雕刻、医术、航海造船等技术,进行贸易往来互通有无。郑和船队所到之处都留下了郑和和他的船员友好的身影,郑和也被当地人亲切地称为"三宝"。

经过一年的航行,他们到达了此次"下西洋"之行的终点——古里。古里位于今印度的科泽科德,这里丰富的物产和淳朴的民风给郑和留下了深刻的印象。为了纪念这次伟大的航海,郑和和属下在古里建立起一个碑亭作为见证。有碑文曰:

"其国去中国十万余里,民物咸若,熙皞同风,刻石于兹,永昭万世。"

此后,郑和离开古里踏上归途,于永乐五年九月初二(1407年10月2日)回到祖国,结束了第一次远航的旅程。后来的50年中,郑和又6次下西洋,曾到达过爪哇、苏门答腊、彭亨、真腊、古里、阿丹、天方、左法尔等30多个国家,最远曾达非洲东部、红海、麦加,并有可能到过澳大利亚、美洲和新西兰。

郑和下西洋的壮举早于航海家达·伽马、麦哲伦、哥伦布等著名航海家至少一个世纪,是"大航海时代"的先驱,而他,也是众航海家中唯一一位东方人。

郑和小档案

中 文 名:郑和(1371—1433年)

曾 用 名:本姓马,小字三保

朝　　代:明朝

民　　族:回族

出 生 地:云南昆阳

历史功绩:从1405年(明永乐三年)至1433年(明宣德八年),郑和率领庞大的船队先后7次出使西洋,史称郑和下西洋

出使国家:爪哇、苏门答腊、苏禄、彭亨、真腊、古里、暹罗、榜葛剌、阿丹、天方、左法尔、忽鲁谟斯、木骨都束等30多个国家

那些年我们一起喜欢的"极地萌仔"

文/小小

从南到北，从东到西，不管什么生物，都有属于自己的小时候。小时候的我们纯真无邪，小时候的动物也萌动天真，一不小心就会"萌"到你！镜头拉远——再拉远——让我们一起去看看南极和北极都住着哪些"小萌仔"，看看"小萌仔"们都在过着怎样的生活吧。

南极"萌仔"小分队

蓝眼鸬鹚：拥有一双蓝眼睛的它，小时候还不会自己吃饭时，就把嘴深入爸爸妈妈的喉咙里，在它们的口腔里啄食半消化的鱼肉。

帝企鹅：这小家伙可是从一枚淡绿色的蛋里出来的，妈妈生下它，就去找食物了，孵蛋这个"光荣而艰巨的任务"就交给了爸爸。等小帝企鹅破壳而出渐渐长大，它们也会被送到"企鹅幼儿园"去学习。

南极冰鱼：它必须避免自己在寒冷的冰水中被冻僵，因此这种南极冰鱼的红血球中没有血红素，这在脊椎动物中是绝无仅有的事情。

冰雪藻：有阳光时，它变成绿色，在黑暗里它变成蓝绿色，依靠这变换，吸收不同波长的光进行光合作用而生存下去。

虎鲸：如果说座头鲸是鲸类中的"歌唱家"，白鲸是海中"金丝雀"，那么虎鲸就是鲸类中的"语言大师"了，它能发出62种不同的声音，而且这些声音有着不同的含义。虎鲸的哺乳期至少得持续1年。

古希腊"龙王"波塞冬

文 / 王月兵

大家都知道《西游记》里有四位住在海底的龙王,孙悟空的金箍棒就是从其中的东海龙王手里抢过来的。四位龙王可以呼风唤雨,为农民伯伯们带来丰收。而在古希腊的神话中,也有这样一位可以呼风唤雨的神,他掌管着广阔的海洋,也能为人们带来丰收。他就是波塞冬!

希腊神话里一共有12位主神,宙斯权力最大,是众神之王。海神波塞冬是宙斯的哥哥,地位仅次于宙斯;他还有一个弟弟名字叫哈得斯。波塞冬和宙斯的关系并不好。

当初宙斯三兄弟抓阄划分势力范围,宙斯获得了天空,哈得斯屈尊地下,波塞冬就成了大海和湖泊的君主。表面上看,世界由三兄弟共同掌管,但是内部势力并不均衡,宙斯的势力比波塞冬要大得多,所以作为大哥的波塞冬心里很不服气,地震和海啸都是他内心愤愤不平的表现。而在著名的特洛伊战争中,宙斯支持特洛伊人,波塞冬却明目张胆地支持希腊人,这也看出他们兄弟之间的不和。希腊诸神热爱人间和阳光,但他却不得不每天潜在海底的宫殿,和小鱼小虾小蟹待在一起,心里便更加郁闷了。

　　但不管怎样,波塞冬仍是一位伟大又威严的海王,有着无穷无尽的强大法力。他把自己海洋深处的那个金色宫殿装扮得金碧辉煌,远远望去,就像一个巨大的发光的海底明珠。他在海上有着无上的权威,用他

令人战栗的超能力统治着他的海洋王国。他还有呼风唤雨之术，可以在大海上通过呼风唤雨掀起巨大的海浪，也可以让狂暴的大海瞬间平息下来。波塞冬有一辆铜蹄金鬣马驾的战车，当他出行的时候，海浪就会平静下来，战车掠过海面在大海上尽情奔驰，后面还有海豚保驾护航。正如大海的波涛，波塞冬的性格桀骜不驯，他经常驾驭着烈马金车在海面狂奔让海水发出震耳欲聋的咆哮声，气势非凡。

波塞冬像孙悟空一样有一件非常厉害的武器——三叉戟，只要他挥动一下三叉戟就能引起海啸和地震。有人说波塞冬是个脾气很坏的神，只会在海上兴风作浪，每当他愤怒的时候，就会有怪物从海底出现，在海面上掀起巨浪。但是，波塞冬也有神仙亲切的一面,比如他的圣兽海豚就是很温顺的海洋动物。而且波塞冬经常用三叉戟击碎岩石，让清泉从岩石的裂缝中流出来浇灌大地，给人们带来五谷丰登，因此爱琴海附近的希腊海员和渔民对他极为崇拜，把波塞冬称为丰收神。

波塞冬还有一位美丽迷人、气质非凡的妻子——安菲特里忒，她原来是河海里一位美丽的仙女。她和波塞冬认识的故事也特别有趣。有一天，安菲特里忒和姐妹们在纳格索斯岛上跳舞，波塞冬恰巧路过见到了她们，并对安菲特里忒一见钟情，便像大鲨鱼一样猛扑过去。仙女们都被吓坏了，惊恐地逃到海底，波塞冬立刻派一只海豚过去追逐。海豚可是海里的游泳健将，安菲特里忒哪里是海豚的对手，不一会便被海豚追上，她只得乖乖地坐在海豚的背上，成了波塞冬的新娘。

虽然波塞冬有这样一位仙妻，但是他非常好色，与很多女人发生过恋情。其中最为人们熟知的就是他和美杜莎的爱情故事。据说美杜莎曾经是一位美丽的少女，金黄的卷发熠熠闪光，蓝色的眼睛像湖水一样清澈。她不但容貌秀美，身上还散发出一股清香，因此海神波塞冬特别爱她。美杜莎也一点不低调，竟然在女神雅典娜的神庙里说自己比女神还要漂亮，这让雅典娜很生气，后果当然也很严重。智慧女神雅典娜施展法术，把美杜莎由人见人爱的美女变成了人面蛇身的妖怪，把她美丽的长发变成了一条条毒蛇；更可怕的是，她的两眼从此闪着骇人的光，任何人哪怕只看她一眼，也会立刻变成毫无生气的一块大石头。波塞冬自然就不再喜欢她了。

说了这么多，大家对海神波塞冬应该有一些基本的了解了。其实，希腊神话里还有很多其他的神仙和有趣的故事呢，比如爱神阿佛洛狄忒、战神阿瑞斯，有兴趣的话可以自己找找看哦。

海上巨无霸
——"辽宁"号航空母舰

文/王月兵

在2012年9月25日,我国海军有了第一艘航母,它的中文名字叫"辽宁"号,它的英文名叫"PLAN Liaoning"。相信大家肯定都特别想看看我国这艘威武的航母,今天我们正好把他请了过来,大家鼓掌欢迎!

小朋友们好!我是"辽宁"号。你们知道海上最牛的武器是什么吗?鱼雷?NO!导弹?NO!舰艇?NO!航空母舰?BINGO,就是我,小名又叫航母,我可是海上的巨无霸。人们常说,海军只有拥有了我,才算真正强大的、有战斗力的海军。你们看我魁梧的身材就能看出来,我最大的特点就是胖,身子有300多米长,70多米宽,我的甲板有三个足球场那么大。我也非常得高,有60多米,相当于一个20层的楼房。我不光身材高大,身体里还有非常多的高科技设备,有声纳和雷达,可以探测到敌人藏在海底的哪个角落;有火控系统,可以控制射击武器自动瞄准和射击敌人;还有扰乱敌人电波的装备。怎么样,厉害吧?最近经常有人问我,像你这样魁梧,在海里游起来肯定不方便吧。这点大家完全不用担心,我身体里有四台蒸汽涡轮发动机,最远可以游12000海里呢!

俗话说，害人之心不可有，防人之心不可无。虽然咱们中国一直崇尚和平，可是现在国际关系复杂，加上我国东海和南海区域一直不平静，主权和国家海洋权益受到侵犯，所以我们要提高自己的实力，保护自己。我身上可以搭载40架左右各型舰载机，比如教练机、预警直升机、反潜直升机、歼击机等。谁敢欺负我们，我就狠狠地揍他！

其实，早在第一次世界大战的时候，为了满足战争需要，各国就开始你争我抢地改装自己的舰船了。到了第二次世界大战，航空母舰获得了高速发展。第二次世界大战后，美国海军的航母部队独步天下，拥有世界上最先进的航母战斗群。

欧洲方面，英国变卖家产，把大部分航母卖给了其他国家。类似的还有法国。俄罗斯则继承了前苏联庞大的军事力量。亚洲方面，拥有航母的国家则少得可怜，现在，我国也拥有了航空母舰，这对于提高我国海军综合作战力量现代化水平、增强防卫作战能力，发展远海合作与应对非传统安全威胁能力，有效维护国家主权、安全和发展利益，促进世界和平与共同发展，具有重要意义。

今天我还给大家带了一份见面礼，就是我的酷照一张，哈哈。接下来我给小朋友们介绍下世界最早和最先进的航母吧！

中国"辽宁"号航空母舰

真正意义上的世界最早的航母，是日本于1922年12月建成的"凤翔"号，由于它不是改装的，因此被认为是世界上专门设计建造的第一艘航空母舰。不过很多设计都有实验性风格，并不是很成熟。

日本"凤翔"号航空母舰

而世界上最先进的航母，毫无疑问是美国的"尼米兹"级航母系列，我给大家介绍其中两艘吧！

"里根"号航空母舰是美国"尼米兹"级核动力航空母舰的九号舰，也是美国在进入21世纪以后第一艘成军的航空母舰。航母上面装备了当时所有的最新科技成果，总造价45亿美元。

"布什"号航母，该舰被人们称为梦中的"尼米兹"终结者，是美国"尼米兹"级航母的最后一艘舰。与上一艘"里根"号相比，"布什"号进行了实质性的设计改进并采用了若干新技术。

小朋友们，时间到了，我得马上赶回青岛基地，今天就先说这些吧，下次有机会再给大家介绍吧。

哈哈，好的，我们谢谢"辽宁"号（鼓掌）！通过他，各位小朋友对航母是不是有更多的了解了呢？

海底隧道"大现身"

要在一片汪洋大海之下建一条隧道?这事儿听起来挺不可思议,但这确实是真事,看看青岛的陈润祺同学穿过隧道时的经历,你就会确信了:"我们开着车驶向隧道入口,远远望去,海边的小山上的山坡下有两个巨大的洞,就像一条巨龙的两只眼睛在闪烁。车子驶进了隧道,我觉得从白天一下子变成了黑夜,但是并不黑,因为隧道顶上和两边的灯都亮着。从进隧道开始,我就觉得车子一直在下坡,抬头一看,发现隧道顶上写着几个大字'这里距海平面82米'。哇,我们只用了短短5分钟时间就来到了大海这么深的地方,好像在龙宫里游览呀。从这离开时车子开始上坡。大约过了5分钟,我看到前方有一个亮点。这个亮点越来越大,忽然我眼前一亮,原来车子已经驶出了隧道。我们向后望去,大海已经在我们身后了。我们只用了10分钟就从大海的一侧到了另一侧。"

为什么要建造海底隧道呢?为了解决横跨海峡、海湾的交通问题,而又不妨碍船舶航运,工程师们便设法建造了在海底之下供人员及车辆通行的海洋建筑物。

胶州湾隧道

胶州湾隧道

海底隧道是怎么建造的？

在海底隧道里我们并不能看到海水，其实它也不是直接在水中建造的，而是想方设法在岩石等坚硬的"大块头"里打通的。

现在，世界上的海底隧道建造方法主要有两种。

第一种，直接在海底的岩层中开挖，巨型掘岩钻机"突突突"从两端同时掘进。大钻头可锋利了，和隧道口差不多大，每前进一步，就要有工程技术人员来加工内壁。在英国和法国之间的英吉利海底隧道就是用这种方法建成的。

第二种，将预先制作的大型钢管或混凝土方箱，沉入海底，在外部用混凝土封上接头处，把里面的海水抽干。然后在内部做好加固，就成为隧道。香港的海峡隧道就是用这种方法建造而成的。

英吉利海底隧道

日本青函海底隧道

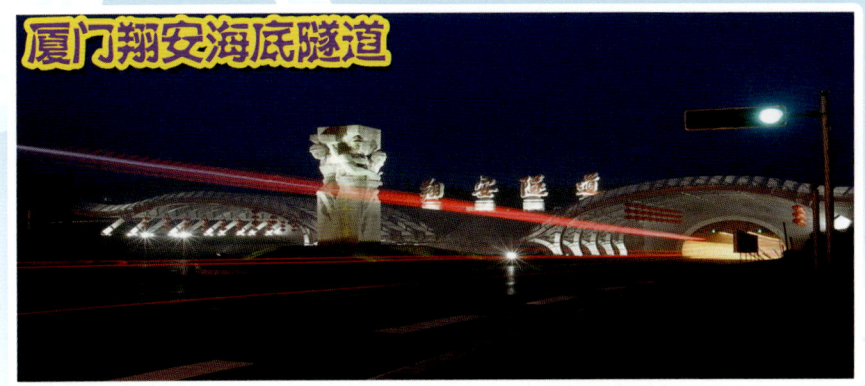
厦门翔安海底隧道

香港海底隧道

中国拟建的渤海海峡跨海隧道示意图

世界上其他著名的海底隧道

除了我们提到的胶州湾海底隧道、英吉利海底隧道和香港海底隧道，世界上还有另外十几座隧道。目前世界上最长的隧道是日本青函海底隧道，隧道全长53.8千米，海底部分23千米；世界上造价最高的隧道是英吉利海底隧道，花了170亿美元才建好。

在中国的香港、青岛、大连、厦门，也早已有了我们自己建造的海底隧道，你曾经去过哪座海底隧道？

在一片汪洋大海的底下开凿一条隧道，确实是一个复杂而又艰巨的工程，无论是勘测、设计还是施工，都会遇到一系列的复杂问题，如地质、地形复杂，岩层裂缝，漏水等。如果你长大了想当工程师的话，这份秘密报告对你或许还会有帮助呢！

马岛风云
——英国大战阿根廷

文/龙蓝

1982年3月底,马尔维纳斯群岛(简称"马岛")的南面海域水涌浪腾,寒风凛冽。这片和阿根廷海岸线相距510千米,而与英国相隔万里之遥的土地笼罩在浓浓的开战氛围中。它的宁静,马上就要被打破。

"火药桶"爆炸

4月1日,英阿双方对"马岛"归属问题的谈判破裂了,英国坚持认为"马岛"是自己先发现的,主权属于英国,阿根廷则不服气,坚称"马岛"历史上就是阿根廷的一部分。

阿根廷决心"硬碰硬",4月2日,天色未亮,阿根廷唯一一艘航空母舰为核心的舰队就在南太平洋的海面上隐约出现,4000多名官兵在严阵以待。他们的将军告诉他们:"去!占领'马岛'!"就这样,阿根廷军队在"马岛"突然登陆,仅有百名海军陆战队士兵的英国守岛部队稍作抵抗便宣告投降。阿根廷军队占领马岛的消息传到国内,群情振奋,数十万人聚集在总统府广场,高唱国歌,欢庆胜利。

这可气坏了英国,英国广播公司和独立广播组织所属的3个全国电视频道、4个全国广播电台和39个地方电台都中断了正常节目,反复播送马岛失守的消息。《每日邮报》的头版赫然印着两个黑色大字:"耻辱!"

英国和阿根廷站在了对立的两方,一场大战一触即发。

"铁娘子"发威

撒切尔夫人

4月3日，星期六，英国议会破例召开紧急会议。在会上，撒切尔夫人说："我们之所以要在这个时候开会，是因为英国的领土主权多少年来第一次受到了侵犯。""福克兰群岛（英国人对"马岛"的称呼）居民的生活方式是不列颠的，他们是对英王效忠的。"为了获取议会的支持，她发出呼吁："支持我吧！支持我，就是支持英国！"

4月5日，"铁娘子"撒切尔夫人在慷慨激昂的演说中痛哭流涕："大英帝国的旗帜一定要在福克兰群岛重新升起！"一时间，整个国会都沸腾了，以零票反对的奇迹全体通过对阿根廷宣战的决议。

3天后，一支由英国海军少将约翰·伍德沃德率领的，以两艘航空母舰为首、100多艘舰船组成的庞大远征队浩浩荡荡地从英国海域出发，他们要奔赴"马岛"，一雪前耻。

一系列连环攻击轮番上演：4月26日，英国特混舰队首先攻下了南乔治亚岛，30日完成了对马岛周围200海里范围的海上和空中的封锁部署。一架叫"火神"的战略轰炸机也在5月1日大显身手，它在"马岛"上空投下了21枚重达1000磅的炸弹。到了5月2号下午，英国的"征服者"号核潜艇在马岛200海里禁区外36海里处，"嗖嗖嗖"向着阿根廷海军旗舰"贝尔格诺将军"号巡洋舰队发射了3枚鱼雷，这鱼雷瞄得可是准，阿根廷的巡洋舰45分钟后便沉没在南太平洋中。第二天，"海鸥"式导弹"出马"，击沉了阿根廷的"索布拉尔"号巡逻艇。英军节节胜利，他们不知道，噩梦即将来临。

"超级战舰"和"飞鱼"

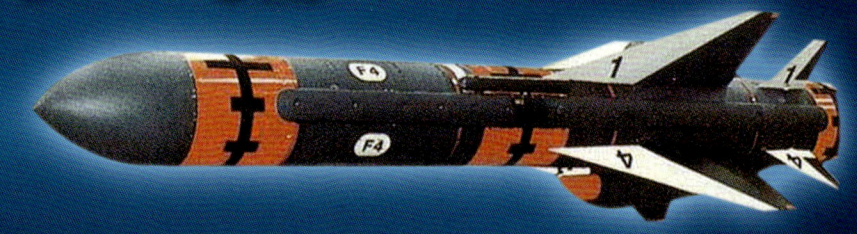

　　阿根廷的海军力量实在太弱，完全不是英国的对手，所以，他们将目光投向从法国购买的"超级战舰"战斗轰炸机和"飞鱼"导弹，准备以空袭重掌主动权。

　　5月4号，英国的"谢菲尔德"号导弹驱逐舰和"普茨茅斯"号护卫舰悠闲地在"马岛"附近海域航行。突然，在"普茨茅斯"号的雷达捕捉到了高速袭来的导弹信号，"普茨茅斯"号紧急加速，多亏了这几秒钟，它与导弹"擦肩而过"。而那艘英国最为先进的导弹驱逐舰"谢菲尔德"号便没有那么幸运了，它没来得及做出反应，就被飞速冲来的导弹击中左舷中部，这时，导弹驱逐舰燃起熊熊烈火，一艘价值1亿多美元的大型现代化军舰就这样"牺牲"了，而让这一切发生的正是"飞鱼"导弹，"超级战舰"战机携带"飞鱼"导弹一冲而出的时候，阿根廷复仇的火焰便向英国飞来。"飞鱼"的身价本来只有二三十万美元，立下"汗马功劳"之后的"飞鱼"在世界军火市场上身价倍升，提高到100万美元以上。

　　"谢菲尔德"号的沉没仅是英海军噩梦的开始。5月25日是阿根廷国庆日，阿军飞机倾巢出动。英国"羚羊"号、"热心"号、"大刀"号、"普茨茅斯"号、"考文垂"号护卫舰和"大西洋运送者"号运输舰、"加拉哈德爵士"号登陆舰等大型舰只先后被击沉或重创。

　　5月25日晚，撒切尔夫人在她的日记的最后一行写道："5月25日，黑色的一天。"

英国进攻路线图

"飞鱼"缺货，英国登岛

英国发怒了，经历了"黑色的一天"后，将所有舰船撤到离马岛和阿根廷海岸较远的地方，以避免遭受新的攻击。在另一方，阿根廷正着急上火，法国不把"飞鱼"卖给阿根廷了，这使它失去很大一部分竞争力。在空战中，英军"鹞"式战机共击落了21架阿军战机，而自身却无一损失，取得了空战21：0的无敌神话。

为彻底击垮阿军，英军从5月27日起开始实施登岛作战。5月29日，英军攻占了非常重要的达尔文港，虽然阿根廷"临死一搏"，击沉了英国的"加拉哈德爵士"号登陆舰，但终究还是不能扭转战局。6月14日，阿根廷举起了白旗投降。

轰轰烈烈的"马岛"战争结束了，航母、两栖登陆舰、核潜艇、导弹和从未被击落过的超级旗舰队"齐上阵"一起组成了这场世界上最现代化的海空战争。但是，战争从来没有绝对的输赢，战争带给人们的从来都是更大的痛苦和更深的仇恨。

亚特兰蒂斯密码
ATLANTIS

文/皮克

你相不相信，世界上曾有一座古城，一夜之间便沉入大西洋海底？千万年来，欧洲、美洲和非洲，生活在那里的人们口耳相传这样的故事：在公元前9000年，海洛力斯之柱（直布罗陀海峡）对面，有一个很大的岛，从那里人们可以去其他的岛屿，那些岛屿的对面，就是海洋包围着的一整块陆地，这就是"亚特兰蒂斯"王国。当时亚特兰蒂斯正要与雅典展开一场大战，没想到亚特兰蒂斯却突然遭遇地震和水灾，不到一天一夜就完全没入海底，成为希腊人海路远行的阻碍。

浩瀚的海底果真曾经"藏"着一个这样的王国吗？大西洋的海水果真能载得动这沉甸甸的"历史记忆"吗？

柏拉图的"理想国"

亚特兰蒂斯到底是一座怎样的古城？——竭尽你的想象，在大脑中建造一座你认为最繁华、最发达的城市，你会发现它简直是亚特兰蒂斯城的翻版。亚特兰蒂斯不仅有华丽的宫殿和神庙，而且有祭祀用的巨大神坛。它的大陆出产无数的黄金与白银，所有宫殿都由黄金墙根及白银墙壁的围墙所围绕，宫内墙壁也镶满黄金。那些金碧辉煌的建筑在风中会发出和谐的音调。在那里，还有设备完善的港埠及船只，有能够载人飞翔的物体。这是一座高度发达的城池，亚特兰蒂斯人拥有的财富多到你无法想象。每个亚特兰蒂斯人都诚实善良，具有超凡脱俗的智慧，过着无忧无虑的生活。

天堂般的古城曾经存在过？简直不能让人相信，拿出证据来！西方哲学的奠基人柏拉图从历史中缓缓走来，他拿出自己的《对话录》，翻到亚特兰蒂斯城，他花了整整18页来描述它，赞美它。

美好的却是脆弱的，在柏拉图笔下，亚特兰蒂斯的覆灭来源于人心的变化。随着时间流逝，亚特兰蒂斯人内心逐渐充满了膨胀的野心，他们开始派出军队，越过直布罗陀海峡，征服他们周边的国家。他们的生活也变得越来越腐化，无休止的极尽奢华和道德沦丧，终于激怒了众神，于是，"众神之王宙斯"一夜之间将地震和洪水降临在大西岛上，亚特兰蒂斯最终被大海吞没，从此消失在深不可测的大海之中。

证据绝不仅仅是柏拉图的书，古希腊一位著名的政治家梭伦就曾经讲述过这个故事，而梭伦则是从埃及的一位牧师那里听到这个故事的。在柏拉图写下"亚特兰蒂斯"之前，这个故事已经流传了9000多年了。

真假

　　亚特兰蒂斯的传说就像一块有魔力的磁石，紧紧地吸引了世界的目光。有的人否定它，认为亚特兰蒂斯只是一个神话，而柏拉图只是借鉴了过去的记忆，如米诺斯火山喷发或特洛伊战争等，用它们描画出自己的"理想国"；有的人承认它，并将找到亚特兰蒂斯遗址作为终生的事业，比如美国人康纳利。1882年，康纳利出版了他的《亚特兰蒂斯》，这本书是康纳利十几年研究亚特兰蒂斯的成果。一位叫英格丽特·本内特的人甚至说自己能够回忆起在亚特兰蒂斯的前世生活中的一些记忆和事件。

　　那么亚特兰蒂斯真的存在过吗？它一夜之间消失的真正原因是什么？为了解开这些神秘的问题，历史学家、考古学家、探险家等都开始踏上了寻找亚特兰蒂斯的旅程。

寻找之路

  1968年，巴哈马群岛大礁群上空，一名叫罗伯特·布鲁斯的飞行员隐隐约约看到水下有一片方形的阴影区，它们分布很有规律。难道这是被人类忘记的沉没之城？"咔嚓咔嚓"，对这片海域一顿拍照。后来他与其他探险家和科学家重新回到这里进行考察。深入海中，它露出了"原形"，原来这是一个由巨大长方形石头砌成的"T"字形结构，石头们整齐地排列在一起，特别像是城墙和道路的一部分，又像是一个沉睡多年的码头。当然，还有人推测，这就是亚特兰蒂斯古城的一部分。

  柯南说："真相只有一个！"在没有充分证据之前，是不能确定亚特兰蒂斯是否存在的。柏拉图留下的关于亚特兰蒂斯的文字就是这宗谜案的一个线头，20世纪70年代初，在大西洋亚速尔群岛附近800米海底钻出了泥芯，让人惊讶的是，经过鉴定，10000年前这里确实是一块陆地，而这里和柏拉图描述的亚特兰蒂斯沉没的时间和地点惊人地相似，这不能不让人浮想联翩。1974年，苏联的一支科考队在大西洋底拍摄了8张照片，当把它们拼接起来时，奇迹出现了——这竟然是一座宏大的古代人工建筑，难道这就是亚特兰蒂斯的遗址？陆续的发现还有加拿大科学家在古巴近海海底发现的8座类似巨型金字塔的建筑；在大西洋海底找到的鹅卵石道路的岩层；发现的巨型墙壁以及巨石围成的环形景观。一切的一切都指向了亚特兰蒂斯遗址，但这些零零碎碎的线索仍无法整合出一幅清晰的亚特兰蒂斯之像，每一年仍有探险家对它念念不忘，并启程追寻。

  在大西洋的"心底"，到底还埋藏着多少秘密我们并不知晓。但我们知道，亚特兰蒂斯之谜仍未揭晓，这座或隐或现的古城也许正藏在某片海域的海底默默"等候"，等候勇敢的人们亲手揭开它的面纱。

海洋手工坊
一分钟切出苹果小螃蟹

文/王月兵

亲爱的小吃货们，欢迎来到美食坊——吃货们的开心乐园。我是这里的首席大厨（其实就是最大的吃货）杜圆圆，哦，也就是肚圆圆啦……你们都吃过螃蟹吧？螃蟹肉质鲜美、营养丰富，是一道深受吃货们追捧的美味菜肴，想起来就让人口水直流呢。小吃货们，赶紧先擦擦口水！今天呢，我就教给你们一个自己制作"螃蟹"的办法。不是清蒸，也不是油炸，而是用水果制作出非常好玩、非常萌的水果螃蟹。看看图片，先来认识一下吧！

再看我，再看我，我就把你一口一口吃掉！

嘿嘿，今天给大家介绍苹果小螃蟹的做法，我们能把苹果吃出海鲜的感觉哦！Come on! 让我们一起动手做吧！

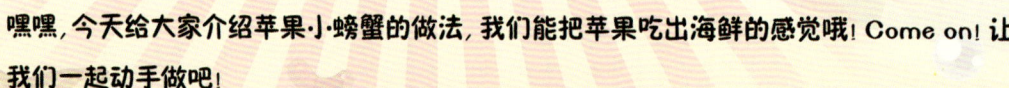

青岛市崂山实验小学学生作品秀

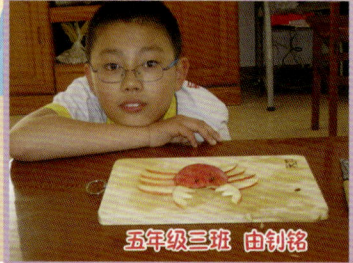

五年级三班　由钊铭

四年级二班　张文昊

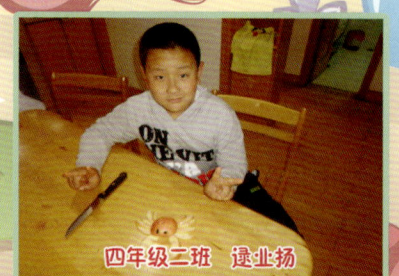

四年级二班　逯业扬

苹果小螃蟹制作妙招

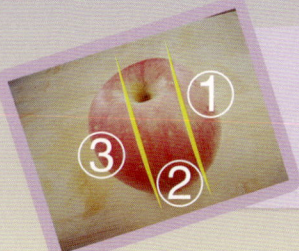

1. 把苹果竖着切成三份。为了分清楚,我们把每一部分分别标记出来:①②③。其中,①用来做"螃蟹"头,可以切得薄一点,也可以切厚些,做一个大头"螃蟹"。

2. 把③平放,从正中间切一刀,再分别切成均匀的薄片。最后,去掉最边上较小的一片,如图所示摆好,这是"螃蟹"的腿。

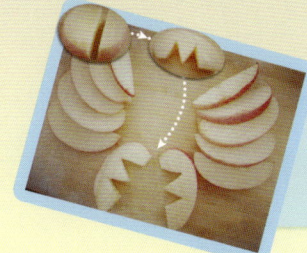

3. 该做"螃蟹"的两个大钳子了。在②的2/3处垂直切下,用小刀切出两个V型,再沿水平方向从中间分成两片,对开摆好,一对威武的大钳子就出来了。

4. 拿出①,用小刀在一端戳两个小口,插上苹果籽做成一对小眼睛。

5. 最后,像图片中这样一一摆好。嘿嘿,一只可爱的苹果螃蟹诞生了。瞧,它正好奇地瞪着你呢。咦,怎么忽然有种舍不得吃掉的感觉呢?

PS:苹果切开后很容易氧化变色的,切好后先泡下凉白开、淡盐水或柠檬水再摆盘。这样的话,就可以多显摆一会儿喽。

怎么样,小吃货们,是不是感觉特别有意思呢?那就拿起家里的苹果试着做一做吧,做好了去学校里显摆显摆,还可以比比谁做得更好看,嘿嘿!注意,切苹果时千万小心不要切到手哦!好的,今天的手工坊有趣吗?下期还有更好玩的东西哦,不要打听了,不能剧透啦!!!

敬请期待吧

侦探事务所

海洋中有一家著名的侦探事务所,名声大到鱼鱼皆知。事务所有最大名鼎鼎、勇敢睿智、出门永远忘不了穿上他的红披风的探长——海豚杰克。他的口头禅:"我是海洋中最帅、最聪明的侦探!"

杰克的助手——章鱼莫奇,你可能不认识,但是他的哥哥你一定有所耳闻,那就是南非世界杯"预言帝"——章鱼保罗。他们哥俩都有神秘的直觉,这让杰克也很佩服。

难道他会隐身大法?

文 / 王晓

"嘟——嘟嘟——嘟嘟嘟,"海螺嘟嘟急切地叫着,"海里出事了,海里出事了,嘟嘟,海里出事了。"嘟嘟最喜欢发布新闻,恨不得让海中居民都知道这件事。

这片海域一向风平浪静,海底生物们和平相处,可是,最近侦探事务所的门都快被挤爆了。

龙虾夫妇说:"最聪明的杰克探长,快帮帮我们吧,我的孩子失踪了!"

螃蟹说:"最聪明的杰克探长,快帮帮我吧,我的好朋友好像突然人间蒸发了!"

鹦鹉鱼说:"最聪明的杰克探长,快来调查一下吧,最近我的好多邻居都不见了,难道被谁吃掉了?"

在一旁的章鱼莫奇皱起了眉头,脑袋里挤满了问号,他看着海豚杰克探长,想去问问有没有什么头绪,刚要"抬爪"往前走,就和小蝴蝶鱼撞了个满怀。

"哎呦——不要踩我的爪。"莫奇大叫。

"对不起,章鱼哥,我需要最聪明的杰克探长的帮助。"小蝴蝶鱼说。

"不要着急,慢慢讲,发生了什么事?"杰克探长游向小蝴蝶鱼,他的红披风也漂了起来。

"刚刚,我和姐姐在一片特别漂亮的珊瑚礁里玩捉迷藏,我藏好后,听见'咕嘟'一声,觉得不对劲,我大声叫'姐姐',但是姐姐竟然不见了,附近连一个'鱼

影儿'都没有,太奇怪了。我'撒尾巴就跑',赶紧来报案。"

"这几起案件,明显是同一种作案手法,失踪的找不到尸体,应该是被吃掉了。"杰克探长认真地说。"但是小蝴蝶鱼竟然连个'鱼影儿'都没看到,难道他会'隐身大法'?"莫奇脑袋里的问号蹦出来一个。

"是的,他一定会'隐身大法'。"杰克说。

这个会"隐身大法"的做案者真不简单,杰克探长心想,能做到如此迅速、如此不留痕迹,到底是谁呢?

"会不会是刚搬家搬到珊瑚丛里的海葵虾,他全身都是透明的,像块玻璃一样。他藏在珊瑚丛里谁也发现不了,直接跟珊瑚礁融为一体了嘛!"莫奇大声宣布他的新发现。

"是呀,海葵虾是刚搬到珊瑚丛里来住的,不会是他吧?"小蝴蝶鱼游到了莫奇的头顶上。

"哈哈,你倒是提醒了我莫奇真是一个好助手。但是——作案者不是海葵虾,他太小,吃不了大个儿螃蟹,凶手另有他人。"杰克探长胸有成竹。他凑到章鱼莫奇的耳边小声交代着什么,莫奇连连点头。

第二天,按照杰克探长的指示,章鱼莫奇天还没亮就来到了小蝴蝶鱼姐姐出事的那片珊瑚礁,他眯着眼睛装作在睡觉的样子。突然,他的其中一个爪敏锐地感觉到有鱼在靠近,他立即喷出墨汁,快速逃跑并大声喊道:"抓住他——"凶手被墨汁搅乱了阵脚,被埋伏在礁旁的杰克探长一举抓获。

"孤僻的老兄,又在守株待兔了?不要着急伪装了,这时候变身已经晚了。"探长得意地说。

聪明的你,知道这其中是怎么回事了吗?

罪犯曝光台:

凶手就是有"海中变色龙"之称的石斑鱼,它一旦发现天敌,就会变身,身上的斑点就会和珊瑚的颜色一模一样,能变出和环境相适应的不同颜色。它很孤僻,不跟其他鱼类混游在一起,怕光、怕声,也不擅长长途游泳,经常以突袭的方式捕食,饿极了时也会出现自相残杀的情况,在珊瑚礁生态系统中,石斑鱼处于食物链的上层。

文/岳思成

蔚蓝的海洋里,有一大片神秘的珊瑚礁。在这里,肥大的海参在蠕动,泳姿优雅的蝴蝶鱼在翩翩起舞,色彩艳丽的小丑鱼在珊瑚中不停穿梭,漂亮华丽的狮子鱼张开它那花枝招展的舞裙悠然自得地游来游去,好逸恶劳的印头鱼懒懒地黏在大海龟的身上一动不动。

"目前看起来一切正常,不过还是要小心防备。"剑鱼丁丁心想。作为珊瑚礁的保护者,丁丁有着绝对的权威,鱼雷般巨大流畅的身形,健美的肌肉线条,闪电一般的游泳速度,奠定了他绝对的领导地位。

鲨鱼群,是珊瑚礁居民最大的敌人,尤其是他们的首领炮炮,他是条很大的灰鲭鲨,是个脾气暴躁、凶恶狡猾的家伙,常常会带着他的手下出其不意地出现在珊瑚礁群里,大肆残杀。

"我一定要逮到他,这个可恶的家伙,要让他认罪伏法。"丁丁暗自下定决心,"也许我们可以引鲨出动,布下埋伏,让他们好好吃点苦头。"丁丁打算好好筹划筹划,开展一个猎鲨行动。

"猎鲨?"老海龟一听,头就摇得像拨浪鼓,"这不可能,太危险了,简直就是送死嘛。"

"可我们不做点什么,也会让他们吃光的。"小丑鱼文文怯怯地说。一想到刚刚惨死的爸爸,他的眼泪都要流出来了。

"我有个坏消息,刚才在礁岛外看见了好多鲨鱼,他们肯定会在近期发起攻击的。"剑鱼警卫敢敢报告。

"天哪,我们不能再坐以待毙。"许多鱼儿都加入了讨论。

礁岛外,炮炮放下望远镜,神气地说:"看来我们被发现了,不过没关系,我们的队伍又壮大了。这回我们要大开杀戒,让丁丁知道我们的厉害。"说着,他龇了龇嘴里的五排牙齿,心里得意极了。"伙计们,准备行动吧。"

集合好队伍,炮炮带领手下呼啸着冲进了礁岛。咦,今天好像有点不寻常?平时被吓得惊慌失措、四处乱窜的鱼群去哪儿啦?难道得到消息都躲起来了?"哼,我挖地三尺也要把你们给掏出来!"炮炮心想。

就在这时,一群冒冒失失的小丑鱼冲了出来。"啊,大鲨鱼,快逃呀!"炮炮的疑虑顿时被打消了,"你们往哪儿跑!"他带领手下迅速地追了过去。小丑鱼们不停地在珊瑚礁里穿梭逃命,那些五颜六色的珊瑚礁成了他们最好的护身符,体型巨大的鲨鱼可吃了不少苦头,被坚硬的珊瑚礁刺得龇牙咧嘴的。"哎呀,疼死了,抓到你们,我一个也不会放过的。"

柳州市柳南区实验小学四年级 岳思成

炮炮紧追不舍，穿过密集的珊瑚礁闯入了一小片空地，那些灵巧的小丑鱼们仿佛一下子不见了踪影，只留下四周密密麻麻的岩石和珊瑚礁。"开炮！"随着丁丁的一声令下，海水一下子变得乌黑乌黑的。"黑夜怎么会突然降临了？"炮炮疑惑地想。在黑夜里，炮炮的视力变得很差，看不清周围的情况。

突然，"咚咚"的巨响声骤然响起。炮炮还没反应过来，就感觉到腰部受到一股巨大力量的撞击，一下子撞到了坚硬的岩石上。"啊……"周围不断传来手下的惨叫声，看来大家的境遇都差不多。可这还不是最糟糕的，被撞得晕头转向的炮炮身上感觉一阵刺痛，也不由自主地惨叫起来："中埋伏了！快撤！快撤！"

炮炮想迅速逃离这片可怕的海域，可海水乌黑乌黑的，什么也看不清，身上不知被什么扎的地方变得又麻又痒。他四处乱窜，一会撞到了岩石，一会撞到了珊瑚礁，乱作一团。

黑暗中，丁丁带领朋友们大展身手。剑鱼利用巨大的身体不停地撞击鲨鱼，章鱼展开巨大的触手把被撞得没有反抗能力的鲨鱼紧紧缠住，狮子鱼美丽的衣裙变成了可怕的毒刺，毫不留情地刺向了鲨鱼们的身体……

一场混战之后，遍体鳞伤的炮炮终于挣扎着从珊瑚礁里逃了出来，身后只零星跟着几个手下。这次他可是损失惨重，不仅受了重伤，赔上了一只眼睛，好不容易组织起来的鲨鱼军团几乎全军覆没了。

"耶！胜利了！"丁丁和朋友们激动地高呼起来，这真是一场辉煌的胜利，鲨鱼们估计在很长一段时间内都不能重整旗鼓了。

夜幕降临了，礁岛里传来了各种奇怪的声音，几千米外都能听到，那是鱼儿们在开欢庆会，快乐的舞蹈和歌唱估计要持续整个晚上。

"猎艳"海洋馆

"美人鱼救王子"表演

文/晓言

海水蔚蓝,鱼群穿梭,在遥远的大海深处,有一座海神的宫殿。在飘摇的水草间,美丽的珊瑚旁,海神的女儿们在快乐地嬉戏。海伦,海神最小的女儿,她的眼睛是蔚蓝色的,像最深的湖水,却向往人间的生活。在小美人鱼公主15岁生日的那天,她终于如愿以偿,浮到了海面上,就是在这里,她遇见了英俊的王子。

这次他们相遇的地点,是青岛海底世界。

小美人鱼公主修长的鱼尾在水中舒展开来,柔美优雅,时而吹出晶莹的气泡,时而掠过漫步的海龟,她轻轻摆动着鲜艳的鱼尾,快乐地畅游。有一天,她看见了年轻的王子,视线便再也没有从王子身上移开。她爱上了王子,却无法向他表达。可是,突然,海面上风雨大作,暴风雨剧烈地摇晃着船只,不好——王子被风浪卷入了海中,他在水中努力挣扎,上下浮沉,大声喊着:"救命!"就在他马上就要沉入海底的时候,小美人鱼公主海伦出现在王子的身边,她托住王子的腰部,把王子救起。

王子得救了！王子得救了！一时间，海洋里所有的小动物都为他开心，各种各样的鱼儿跳起欢乐的舞蹈，小美人鱼海伦的姐姐们也高兴地欢呼着，相互追逐着，像水下的精灵一样搅动着海水。

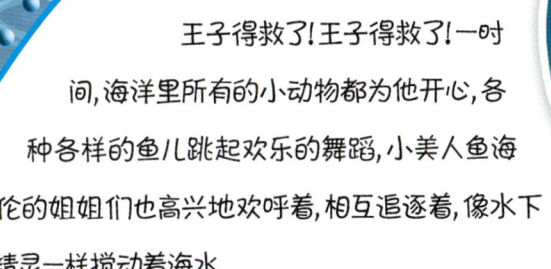

小美人鱼海伦和王子含情脉脉地看着对方，手拉着手旋转着，想就这样在一起永远也不分开。小美人鱼公主太开心了，顽皮的她潜入了海底，轻轻地捧起海底金子般的细沙，洒向大海深处，她要向所有的鱼儿大声说出自己的幸福。王子对小美人鱼公主一见钟情，他在海底发现了一颗闪着温润光泽的珍珠，迫不及待地将这颗象征着纯洁爱情的珍珠作为定情信物送给了自己心爱的姑娘。美人鱼们深潜、空翻、旋转，宛如敦煌壁画中的"飞天"，共同为王子和美人鱼的爱情祝福。在梦幻的水下花园里，王子和小美人鱼海伦跳起了华尔兹，美人鱼的姐姐们也围绕在他们周围，小美人鱼在色彩斑斓的海底世界中更加清丽，更加动人。

王子和美人鱼公主幸福地生活在了一起吗？——如果你想知道故事的结尾，那就到青岛海底世界来看美人鱼救王子的表演吧！